爱上数学9

·小数·

小石头智斗管家

〔韩〕申银美/著　〔韩〕宋惠善/绘　张晓阳/译

云南出版集团　晨光出版社

如果一大条饴糖用数字 1 表示，那么其中的一小块饴糖肯定是比 1 小的数。

桌子上有 2 条长长的饴糖。
小石头把其中 1 条切成了大小相等的 10 小块。
切好后的饴糖块应该如何用数字表示出来呢？

很久很久以前，村里有个叫小石头的男孩。

小石头聪明又勤快，干起活来像个大人，手脚麻利。

"小石头，打点儿水来！"

"好的，爸爸。"

"小石头，该喂牛了。"

"好的，妈妈。"

没有什么活儿能难倒聪明的小石头。

小石头的爸爸是村里做饴糖做得最好的人，他做的饴糖又香又有嚼劲，全村的人都很喜欢吃。

不过，自从新任郡守大人来了之后，小石头的爸爸比以前忙多了。这是为什么呢？

因为新来的郡守特别喜欢吃饴糖。喜欢到什么程度呢？哪怕是正在睡觉，只要闻到饴糖的甜味，他就会马上醒来。

一天，村口贴出一张告示，上面写着："每家每天要交出 30 块饴糖！"

第二天一大早，天刚亮，小石头家门口就热闹起来了。

为了向新任郡守缴纳饴糖，村里的男女老少都来他家门前排队买糖。

小石头的爸爸每天忙得团团转，根本没有时间休息。

要知道，每天做那么多的饴糖真不是一件容易的事情。

就这样，没过几天，小石头的爸爸就累倒了。

听说小石头的爸爸累倒了，不能做饴糖了，郡守身边的
管家十分焦急。

管家把村民们召集在一起，威胁他们说："从明天开始，
如果哪家交不出 30 块饴糖，就等着挨板子吧！"

大家吓得脸都白了，又着急又害怕，不知道该怎么办。

整个村子里怨声载道。

小石头也犯愁。

他急得夜里睡不着觉，一直想呀想。

"爸爸累病了，我上哪儿去弄那么多饴糖呢……"

不知不觉天亮了，窗外传来了公鸡打鸣的声音。

"有了！"小石头想到一个好主意，"我可以把一条长

长的饴糖切成 10 小块啊。"

爸爸，妈妈，你们看这样行不行？

我把3条饴糖切成了30块同样大小的小饴糖！

天刚亮，管家便来到了小石头家里。

管家板着脸，不客气地说："赶紧的，30块饴糖交出来。"

小石头拿着10个一捆、一共3捆的饴糖走了出来，不慌不忙地说："大人，这是我准备好的30块饴糖。"

管家不禁瞪大了眼睛："这……这是？"

"这是30块饴糖啊。如果您不信，可以亲自数一数。"

管家数了一遍又一遍，最后无奈地说道："好吧，算你过关。"

小石头按时缴纳饴糖的消息传开了。

村里人又来到了小石头家门口，纷纷询问他用了什么好办法。

"你是怎么把3条饴糖变成30块饴糖的呀？"

"这到底是怎么回事？小石头，赶快教教我们吧！"

小石头站到了磨台上，高高地举起了手里的饴糖。

"大家听我说，以前，这样1条长长的饴糖算作是1块，如果我把它切开，就能得到我右手里的10块饴糖。这样一来，我只要切3条饴糖，不就能得到30块饴糖了吗？反正管家只说要30块饴糖，又没要求饴糖的大小，咱们只要拿出30块饴糖不就行了。"

村民们听完，对小石头赞不绝口："对呀对呀，这个办法好。小石头真聪明！"

村民们回家后，也按照小石头说的，切起饴糖来。

郡守府里，郡守正在问管家："今天收到了多少饴糖啊？"

看到管家呈上的饴糖，郡守提高了嗓门："咦？今天的糖怎么都这么小？"

"啊，这个……都是那个叫小石头的孩子带的头，但是我一个一个数了，每家交上来的不多不少，的确是 30 块。"

郡守听了管家的话，非但没有生气，反倒还哈哈大笑起来。

"哈哈，快去把那个孩子带过来！"

小石头被带到郡守府，他恭恭敬敬地跪在郡守面前。

郡守拿起 1 条长长的饴糖，问他："这是几个呀？"

"是 1 个。"

"那这又是几个？"郡守又拿了一小块饴糖问道。

"也是 1 个。"

"它们差别这么大，怎么都是 1 个呢？"

这下，小石头答不上来了。

"如果说这一长条饴糖是 1 的话，那么这个小块的饴糖就应该是 0.1。把 1 个整体平均分成 10 份，其中的 1 份可以叫作 0.1。"

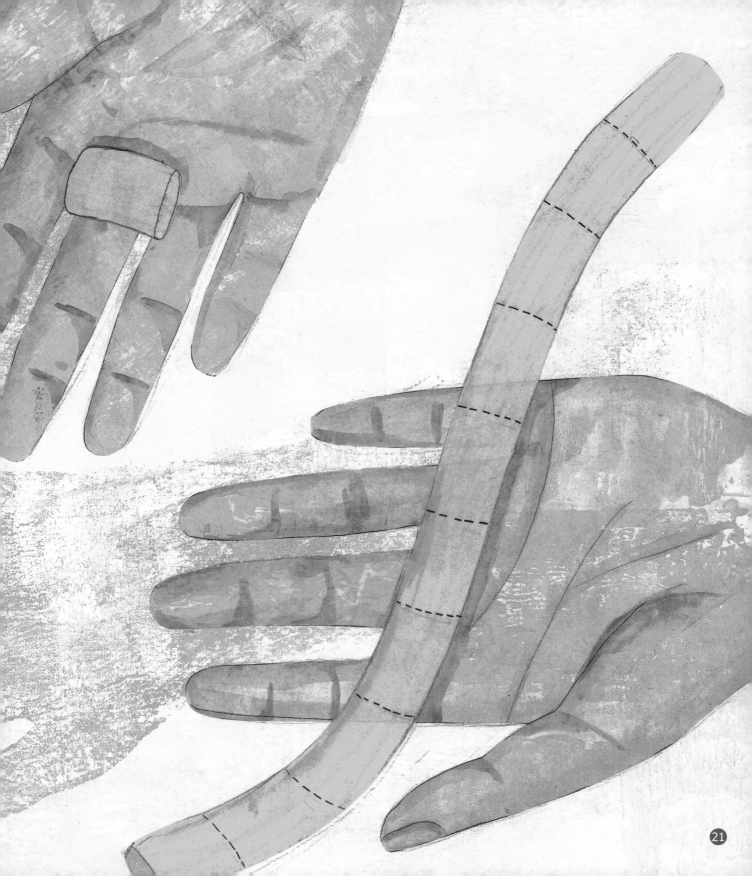

郡守用严厉的口气对小石头说:"小小年纪,竟敢跟我耍花样?你以为我会上当吗?"

小石头抬起头来,不卑不亢地说:"大人,请您听我解释。想必您也知道,这饴糖是用粮食做的。可是今年收成不好,村民们连吃的粮食都不够,哪里还能交出那么多饴糖来呢?"

小石头说得有理有据,郡守暗暗点头,心里很喜欢这个聪明勇敢的男孩。

"好吧。那我再来考考你，如果你能答对的话，以后你们村就不用再上缴饴糖了。你看，这里有 5 小块同样大小的饴糖，如果一长条饴糖算 1 块，那这 5 小块饴糖合起来一共是几块呀？"

小石头听完，想了想说："您刚才说 1 小块饴糖是 0.1，那么 5 小块就是……是 0.5！"

郡守满意地点了点头。

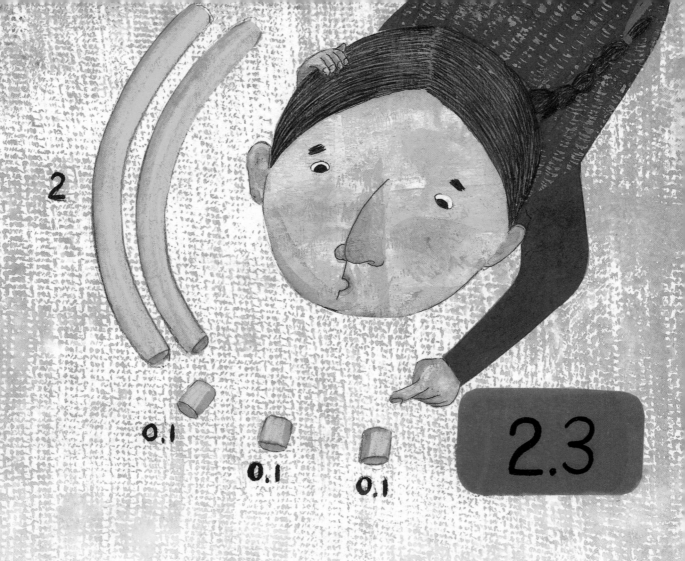

"完全正确！那么，这 2 条长饴糖和 3 块小饴糖加起来一共是几个呢？"

小石头紧张得背上冒出了冷汗。

"2 条长饴糖是 2，3 块小饴糖是 0.3，那么……"小石头抬起头回答，"是 2.3！"

"回答正确。那现在，你再找出 5.3 块饴糖。"

小石头再次陷入沉思。

"为了我们村，我一定要把这个问题答对！"他默默给自己打气。

"5.3 可以分成 5 和 0.3。"小石头心里有数了，他拿出 5 条长饴糖和 3 块小饴糖，放在郡守面前。

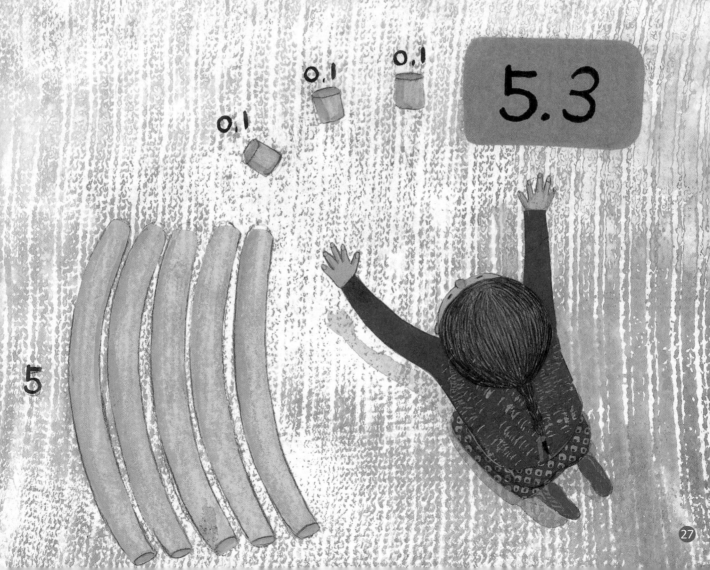

"哈哈,好小子,全部答对了！听了你的话,我也反思了,让大家上缴饴糖确实不合理,是我的不对。今后,就按照我们的约定,大家再也不用上缴饴糖了。"

听完郡守的话,小石头露出了开心的笑容。

"但是，作为交换，你要答应我一个条件。明天开始，你来协助管家，一起料理郡守府的事务吧。"

站在一旁的管家大吃一惊，小石头也同样非常惊讶。

其实，郡守是个爱才惜才的人，愿意给聪明人发挥才干的机会。

很快，小石头就走马上任了。

他的第一项任务就是要把之前收上来的饴糖全部
还给村民。

分到小胖家时，管家有点儿糊涂了。难道要退给
小胖家 78 条长饴糖？这也太多了！

"管家大人，应该是 7.8 块饴糖。"

小石头指着墙上的数字，接着说道："这两个数字
之间有一个小数点。"

管家小心翼翼地指着数字中间的圆点问道："你说
的是这个点吗？"

"对，没错，这个就是小数点。"

还村民们饴糖那天，郡守大人特地设了非常丰盛的宴席。

孩子和大人都吃得心满意足。

村民们纷纷感慨："这才是令人向往的生活啊！"

小石头开心极了。

看到大家的茶快喝光了，小石头向管家请求道："管家大人，麻烦您给我 2.5 壶茶水吧！"

你猜，管家到底能不能准确地拿来 2.5 壶茶水呢？

让我们跟小石头一起回顾一下前面的故事吧!

村里新来的郡守大人上任后,下达了每天每家要上缴 30 块饴糖的命令。我琢磨了一整晚,终于想到了一个好办法。把 1 条长饴糖平均切成 10 块,那么 3 条长饴糖就可以做出 30 块小饴糖了。

但是,我的计谋被郡守大人识破了。他非但没有怪罪我,还告诉我把 1 平均分成 10 份后,一份不再是 1,而是 0.1。最后,他反思了自己,收回了让大家上缴饴糖的命令。

接下来让我们一起深入了解一下小数吧!

数学面对面

认识小数

数学概念

我们在生活中经常能见到 0.5、1.7 这样的数。这些数不仅有个点（.），而且有时这个点前面的数字甚至是 0。这些数都叫作小数。

自动铅笔上笔芯的直径就是用小数来表示的。

你看刻度尺上的刻度，表示每两个刻度之间的小刻度时也要使用小数。

上面这张纸条被平均分成了 10 份。10 等份中的 1 份就是 $\frac{1}{10}$。分数 $\frac{1}{10}$ 也可以写作"0.1"，读作"零点一"。像 0.1 这样的数就叫作"小数"，小数中的点（.）叫作"小数点"。

我们继续用小数分别表示这 10 段纸带中的 2 段、3 段、4 段……首先，如果用分数表示它们，那么分别是 $\frac{2}{10}$、$\frac{3}{10}$、$\frac{4}{10}$，用小数表示则是 0.2、0.3、0.4。这几个小数分别读作"零点二"、"零点三"、"零点四"。

请你用小数表示下图中深紫色的部分。

这是两条纸带。深紫色的部分为：1 整条纸带和 $\frac{7}{10}$ 条纸带。所以，将这两部分纸带一起用分数来表示是 $1\frac{7}{10}$。其中 $\frac{7}{10}$ 用小数来表示是 0.7。因此 $1\frac{7}{10}$ 用小数表示写为 1.7，读作"一点七"。

下面再来看一看两位小数。

右边方格纸上的黄色小格子用分数来表示是 $\frac{1}{100}$，表示把一整张纸平均分为 100 个格子后的其中 1 格。用小数表示写为 0.01，读作"零点零一"。同理，$\frac{3}{100}$ 是 0.03，$\frac{56}{100}$ 是 0.56。

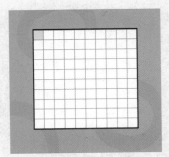

如果用小数表示下列方格纸上的黄色部分，应该如何表示呢？

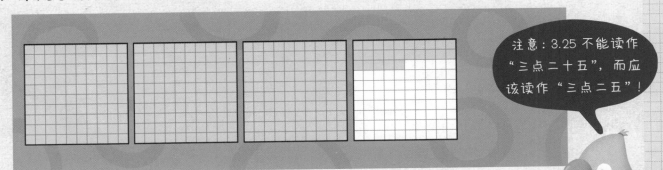

注意：3.25 不能读作"三点二十五"，而应该读作"三点二五"！

这是 4 张画有 100 个格子的方格纸，其中涂了黄色的部分是 3 整张加上 25 个小格，用分数表示是 $3\frac{25}{100}$，用小数表示则是 3.25，读作"三点二五"。

现在我们来仔细了解一下小数的数位。小数 3.25 中每一位上的数字分别代表什么含义呢？

个位	.	十分位	百分位
3	.	2	5
3			
0	.	2	
0	.	0	5

3.25 中的 3 是个位上的数字，表示 3 个 1，就是 3。

2 是十分位上的数字，表示 2 个 0.1，就是 0.2。

5 是百分位上的数字，表示 5 个 0.01，也就是 0.05。

接下来我们来试着比较一下小数的大小吧！

首先，我们来比较个位上的数，如果个位上的数大小相等的话就比较十分位上的数。如果十分位上的数大小也相等，那么就需要再比较百分位上的数。

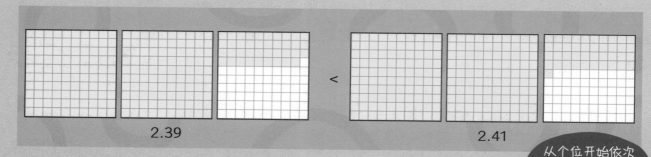

2.39 < 2.41

小数 2.39 和小数 2.41 的个位上都是 2。先比较个位上的数，大小相等，接着比较十分位上的数。这两个小数十分位上分别为 3 和 4，其中 4 比较大，所以我们可以得知 2.41 比 2.39 大。

请大家比较下列几组小数的大小吧。

从个位开始依次比较一下试试吧！

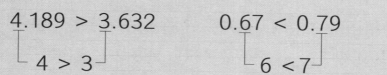

4.189 > 3.632
4 > 3

0.67 < 0.79
6 < 7

0.86 > 0.81
6 > 1

接下来，我们再来学习一下小数的加法和减法。

小数的运算，最重要的就是要严格按照数位进行计算。下面是阿虎和小兔收集的贴纸，其中阿虎收集的是绿色贴纸，小兔收集的是黄色贴纸。

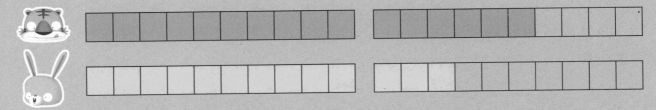

如果 1 个小格代表 0.1，那么阿虎一共收集了 1.6 个贴纸，小兔一共收集了 1.3 个贴纸。阿虎和小兔一共收集了多少贴纸呢？

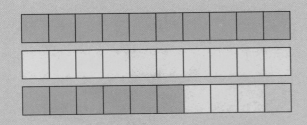

$1.6 + 1.3 = 2.9$

将两个小数像右图那样用竖式相加，需要先把相同位数上的数放在一列对齐，然后再进行计算。小数的加法和减法是一样的，只要将相同位数上的数进行计算就可以得出结果了。

$$
\begin{array}{r}
1.6 \\
+\,1.3 \\
\hline
2.9
\end{array}
$$

好奇心一刻

小数点的演变

虽然我们现在用带小数点的数表示小数，但在过去不是这样的。最早的时候，人们用小一点的 0 来表示小数。后来，还曾用"I"表示过小数。荷兰数学家斯蒂文曾主张使用⓪、①、②等符号来表示小数。一直到了 1617 年，数学家克拉维斯第一个使用我们现在所通用的小数点，数学界才最终统一用带小数点的数来表示小数，这种用法一直延续至今。

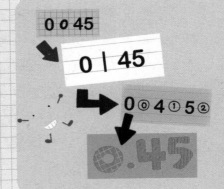

生活中的小数

部分小数和分数可以互相转化。接下来，让我们看看生活中还有什么地方用到了小数。

科学

电子秤

我们在日常生活中经常需要用秤来称重量。秤的种类多种多样。其中，电子秤可以精确称量很小单位的重量，显示的重量数字可以到小数点以后的数位。电子秤不仅有家用的小型秤，也有称汽车重量用的工业用大型秤，因为测量精准，广受人们喜爱。

语文

时间到底有多短

汉语中有很多形容时间很短的词语，如须臾、弹指、瞬间、刹那等等。《僧祇律》中说：一刹者为一念，二十念为一瞬，二十瞬为一弹指，二十弹指为一罗预，二十罗预为一须臾，一日一夜有三十须臾。一日一夜有 86400 秒，从这段话我们可以推算，一"须臾"就是 2880 秒（即 48 分钟），一"弹指"为 7.2 秒，一"瞬间"为 0.36 秒，一"刹那"则只有 0.018 秒。

 **体育**

计算总分

　　体操和花样滑冰等运动项目，都是将几个裁判的分数相加之后得出总分来决定比赛名次的。例如，花样滑冰分为短节目和自由滑两个部分，最终是以两个节目的总分来决定胜负。但是由于分数是由很多小的细节得分相加而成，所以最后的得分往往会出现有小数的情况。因此，计算最后的总得分，其实就相当于计算了一个小数的加法算式。

LADIES - FREE SKATING FINAL RESULTS		
1 KIM YU-NA	KOR	228.56
2 ASADA MAO	JPN	205.50
3 ROCHETTE JOANNIE	CAN	202.64
4 NAGASU MIRAI	USA	190.15
5 ANDO MIKI	JPN	188.86
6 LEPISTO LAURA	FIN	187.97
7 FLATT RACHAEL	USA	182.49

vancouver 2010

▲ 花样滑冰——显示屏上显示的是选手们的积分总数

0.01 秒定胜负

　　在百米赛跑中，最后胜负的关键往往可能就是 0.01 秒的差距。冠亚军的成绩往往非常接近，是很难用肉眼进行判断的。所以，百米赛跑最后的成绩记录都会精确到小数点的后两位。除了百米赛跑之外，游泳、短道速滑、滑雪、雪橇等运动项目也都是用小数表示的时间来决定胜负的。

给小石头的礼物

多亏了小石头，村民们才不用再继续上缴饴糖了。因此，村民们想要制作一个漂亮的垫子作为礼物送给小石头。请你找到下面垫子上写了小数的格子，根据小数的大小，从写有数字的那个方格开始向右涂色，完成垫子。

每一行平均分为 10 个方格，1 个方格就是 0.1。

比如 0.2 就是从 0.2 那格开始向右涂，一共涂 2 格。

0.2

0.2

0.3

0.3

0.4

0.4

0.8

0.6

0.4

0.2

谁读得对

小石头在教村民们学习小数。请你仔细观察图片，把页面底部写着小数的格子沿着黑色实线剪下来，贴在相应的图片旁边，然后找到正确读出小数的人，用线连接起来。

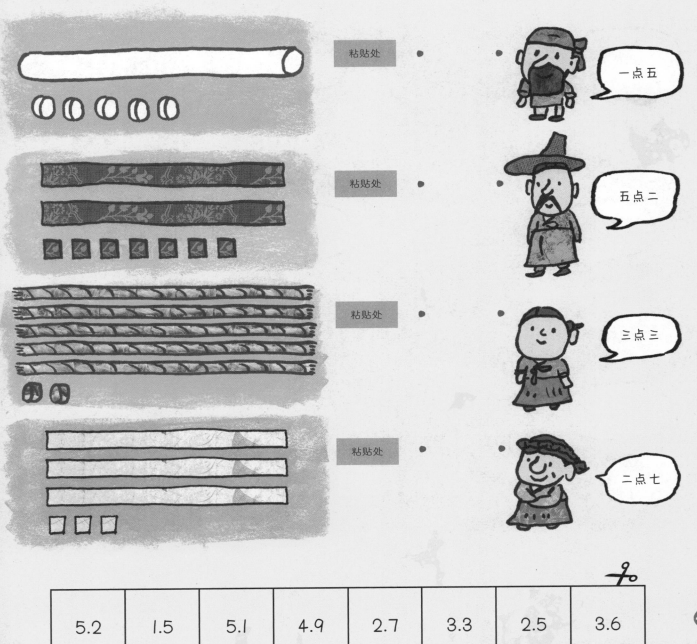

粘贴处 ·　　· 一点五

粘贴处 ·　　· 五点二

粘贴处 ·　　· 三点三

粘贴处 ·　　· 二点七

5.2	1.5	5.1	4.9	2.7	3.3	2.5	3.6

宴会上的饮料

郡守大人在村子里举办盛大的宴会。请你仔细观察每个人杯子上的刻度，参照示例，把饮料的数量用小数表示出来并写在相应的对话框里。然后看看谁的饮料更多，在 ☐ 里写上"＞"或"＜"。

寻找埋藏的宝物

为了考验小石头，郡守大人在院子里藏了不少宝物，并用分数做了标记。请你仔细阅读郡守的话，找出与小数正确对应的分数并圈出来，然后将最下面的宝物沿着黑色实线剪下来贴在相应的位置上。

米袋藏在 0.3 的位置上。

我在 0.9 的位置上藏了一串金币。

1.4 的位置上藏的是一双绣花鞋。

玉戒指藏在 1.8 的位置上。

趣味小游戏5 抢地盘游戏

小朋友们在玩抢地盘的游戏。请你仔细阅读小朋友们说的话，先计算出 4 块不同颜色的地盘的大小，再和对应的小朋友连在一起，然后圈出地盘最多的那位小朋友。

分数 $\frac{1}{100}$ 用小数表示写作 "0.01"，读作 "零点零一"。
下面的图上是 100 个小方格，每 1 个小方格都是 0.01。

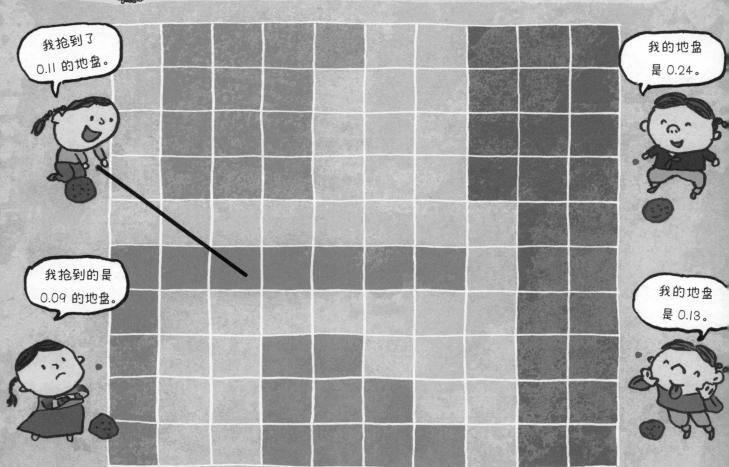

我抢到了 0.11 的地盘。

我的地盘是 0.24。

我抢到的是 0.09 的地盘。

我的地盘是 0.13。

看图写故事

仔细观察图片，想象一下笑着的小石头和正在哭泣的小朋友可能发生了什么事情，把故事写出来。故事中要记得用到小数哦！

郡守大人下令，谁上交的饴糖最多，就给谁颁发奖金。这个消息很快就在村子里传开了。

参考答案

42~43 页

把一横排看成是 1，那么其中的 1 个方块就是 0.1。0.3 就是从写着小数的那一格开始向右，一共涂 3 格就可以了。

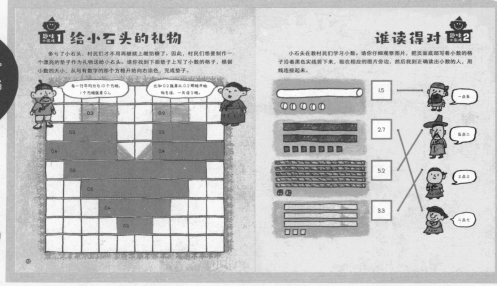

44~45 页

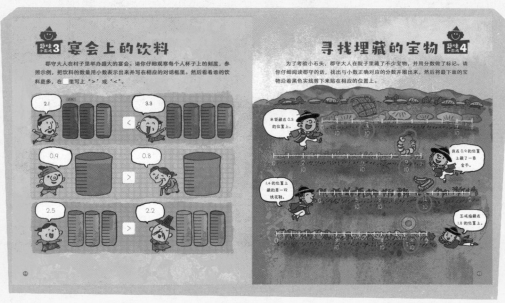